普通高等学校工程训练"十四五"规划教材
普通高等学校工程训练精品教材

工程训练
——钳工与装配分册

主　编　马　晋
副主编　陈　文　黄　潇
　　　　唐　科　彭　兆

U0220637

华中科技大学出版社
中国·武汉

内 容 简 介

本书为省级精品课程"机械制造工程实训"主讲教材,是根据工科本科生人才培养目标,总结近年来的教学改革与实践,参照当前有关技术标准编写而成的。本书介绍了钳工的基础知识及基本加工工艺。

本书可作为工科本科生实践基础课程教材,也可供工程技术人员参考。

图书在版编目(CIP)数据

工程训练.钳工与装配分册/马晋主编.—武汉:华中科技大学出版社,2024.4
ISBN 978-7-5772-0753-7

Ⅰ.①工… Ⅱ.①马… Ⅲ.①机械制造工艺 Ⅳ.①TH16

中国国家版本馆 CIP 数据核字(2024)第 076306 号

工程训练——钳工与装配分册
Gongcheng Xunlian——Qiangong yu Zhuangpei Fence

马 晋 主编

策划编辑:余伯仲
责任编辑:吴　晗
封面设计:廖亚萍
责任监印:朱　玢

出版发行:华中科技大学出版社(中国·武汉)　　　电话:(027)81321913
　　　　　武汉市东湖新技术开发区华工科技园　　　邮编:430223
录　　排:武汉市洪山区佳年华文印部
印　　刷:武汉市洪林印务有限公司
开　　本:710mm×1000mm　1/16
印　　张:4.25
字　　数:81千字
版　　次:2024 年 4 月第 1 版第 1 次印刷
定　　价:19.80 元

普通高等学校工程训练"十四五"规划教材

普通高等学校工程训练精品教材

编写委员会

主　任：王书亭（华中科技大学）

副主任：（按姓氏笔画排序）

于传浩（武汉工程大学）　　　　刘怀兰（华中科技大学）

江志刚（武汉科技大学）　　　　李　波（中国地质大学（武汉））

李玉梅（湖北工程学院）　　　　吴世林（中国地质大学（武汉））

吴华春（武汉理工大学）　　　　沈　阳（湖北大学）

张国忠（华中农业大学）　　　　罗龙君（华中科技大学）

孟小亮（武汉大学）　　　　　　贺　军（中南民族大学）

夏　新（湖北工业大学）　　　　漆为民（江汉大学）

委　员：（排名不分先后）

徐　刚　吴超华　李萍萍　陈　东　赵　鹏　张朝刚

鲍　雄　易奇昌　鲍开美　沈　阳　余竹玛　刘　翔

段现银　郑　翠　马　晋　黄　潇　唐　科　陈　文

彭　兆　程　鹏　应之歌　张　诚　黄　丰　李　兢

霍　肖　史晓亮　胡伟康　陈含德　邹方利　徐　凯

汪　峰

秘　书：余伯仲

前　　言

　　"机械制造工程实训"课程的目标是帮助高等院校学生建立机械制造生产过程的概念、学习机械制造基本工艺、培养工程意识、提高工程实践能力。该课程对学生学习后续专业课程以及将来的实际工作具有深远影响。

　　钳工作为机械制造工程实训中的重要内容，具有重要的现实意义：钳工通过维护、调试、安装和制造等方面的工作，修缮和改造机械设备，从而保障设备的正常运作，避免运行过程中的问题，确保生产稳定和高效。

　　在本书编写过程中，作者围绕钳工的基本知识、技能、安全操作规程要求，为学生提供实用的教学内容，配备相应的教学实例，以期教材内容具有综合性、实践性和科学性的特点。

　　本教材由武汉理工大学马晋担任主编，陈文担任副主编。编写过程中得到了各参编院校领导和教师的大力支持，在此表示衷心的感谢。

　　由于编者水平有限，书中难免有不妥和错误之处，恳请读者批评指正。

编　者
2024 年 3 月

目　　录

第0章 钳工概述

钳工是切削加工中重要的工种之一。它是利用手持工具对金属进行切削加工的一种方法。

人类成为"现代人"的标志就是会制造工具。石器时代的各种石斧、石锤,以及木质、皮质的简单粗糙的工具是机械的先驱。钳工是机械制造中最古老的加工技术。19世纪以后,各种机床的发展和普及,虽然逐步使大部分钳工作业实现了机械化和自动化,但在机械制造过程中钳工仍是广泛应用的基本技术。

目前,钳工大部分由手工操作来完成,故对工人的个人技术要求较高,劳动强度较大,生产率较低,但由于钳工所用工具简单,操作灵活、简便。因此,在目前机械制造和修配工作中,它仍是不可缺少的重要工种。

钳工的基本操作有划线、錾削、锯切、锉削、钻孔、扩孔、铰孔、攻螺纹、套扣、刮削等。

钳工根据其工作性质可分为普通钳工、模具钳工、装配钳工、机修钳工等。钳工的应用范围很广,可以完成下列工作:

(1)完成零件加工前的准备工作,如清理毛坯、在工件上划线等。

(2)完成一般零件的某些加工工序,如钻孔、攻螺纹及去除毛刺等。

(3)进行某些精密零件,如精密量具、夹具、模具等的精加工。

(4)对机械设备进行维修。

(5)对机械设备进行装配和调试。

钳工安全操作规范包括:

(1)自觉遵守实习纪律和安全操作规程,使操作规范化、标准化。

(2)上课时穿戴好防护用品,女生戴工作帽,将头发扎入帽内。

(3)毛坯和工件、工具和量具应分类放在规定位置。

(4)使用电动工具时要有绝缘防护和安全措施。

(5)使用钻床时,头部和身体不能与钻头靠得太近;在钻削过程中,严禁戴手套操作。

（6）锉削和锯割工件时，工件必须牢固地固定在虎钳上，以防锯条折断伤人。

（7）定期保养和维护工具和量具。

本章数字资源

薄板的錾削

倒角和表面粗糙度

倒圆角

第1章 钳工工作台和虎钳

钳工的工具主要有工作台和虎钳。

1.1 钳工工作台

钳工工作台一般用木材制成,要求坚实和平稳。台面高度为800~900 mm,台上装有防护网,如图1-1所示。钳工台上装有虎钳,一般虎钳的高度与人手肘高度平齐,便于钳工操作用力。

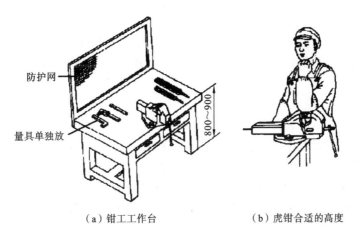

（a）钳工工作台　　　　　（b）虎钳合适的高度

图 1-1　钳工工作台及虎钳的合适高度

1.2 虎 钳

虎钳是夹持工件用的夹具,装在钳工工作台上。虎钳分为长脚虎钳、平行虎钳(包括固定式和回转式)和手虎钳。其中,回转式虎钳比较常见,如图 1-2 所示。虎钳的大小用钳口的宽度表示,常用的尺寸为 100~150 mm。

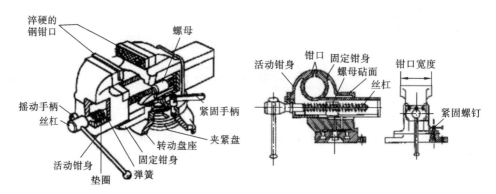

图 1-2 钳工虎钳

虎钳的主体分为固定部分与活动部分。活动部分通过螺杆与固定螺母发生螺旋作用而张开或合拢。虎钳的钳口装有淬硬的钢块并且刻有斜齿纹,以便夹紧工件而不易松滑。

使用虎钳时,应注意下列事项:

(1)工件应尽量夹在虎钳钳口中部,以使钳口受力均匀。

(2)夹持精密工件要用软钳口,夹持过长或过大的工件时要另用支架支承。

(3)当转动手柄来夹紧工件时,只能用手扳紧手柄,决不能接长手柄来扳紧或用手锤敲击手柄,以免虎钳丝杠或螺母上的螺纹损坏。

(4)按时保养虎钳内的螺杆和螺母,对有滑动的地方除加油润滑外还要保持清洁,不能有异物。

(5)锤击工件只可在砧面上进行,其他各部分不许用手锤直接打击。

第2章 划 线

根据图线要求,在毛坯或半成品上用划线工具划出加工图形或加工界线的操作称为划线。

2.1 划线的作用

划线的作用如下:

(1)明确地表示出加工余量、加工位置或划出加工位置的找正线,作为加工工件或安装工件时的依据。

(2)借划线来检查毛坯的形状和尺寸,避免将不合格的毛坯投入机械加工而造成浪费。

(3)通过划线使加工余量合理分配(又称借料),从而保证加工免出或少出废品。

2.2 划线的种类

划线分为平面划线和立体划线两种。

(1)平面划线——在工件或毛坯的一个平面上划线,如图2-1所示。

(2)立体划线——在工件或毛坯的长、宽、高三个互相垂直的平面上或其他倾斜方向上划线,如图2-2所示。

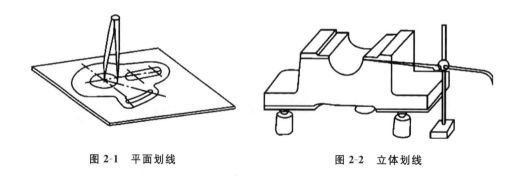

图 2-1　平面划线　　　　　　　　　　图 2-2　立体划线

2.3　划线工具及其应用

（1）划线平板。划线平板是划线的主要基准工具,它是用铸铁经过精细加工制成的。划线平板的基准平面平直、光滑、结构牢固,背面有若干肋板,如图 2-3所示。

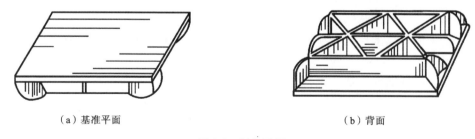

（a）基准平面　　　　　　　　　　　　　（b）背面

图 2-3　划线平板

在安装划线平板时要保证工作面的水平,定期对工作面进行清洁,防止异物划伤平板表面。同时拿取工件、工具时要轻拿轻放,防止平板受撞击。划线平板各处要均匀使用,如有问题则需及时调整、研修,保证工作面的水平状态和平面度。

（2）V 形铁。V 形铁是在平板上用以支承工件的部件。工件的圆柱面用 V形铁支承时,要使工件轴线与平板平行,如图 2-4 所示。

（3）方箱。方箱是用铸铁制成的空心立方体,六面都经过精加工,相邻平面互相垂直,相对平面互相平行,如图 2-5 所示。方箱上设有 V 形槽和压紧装置,通过翻转方箱便可把工件上互相垂直的线在一次装夹中全部划出来。

　　(4) 千斤顶。千斤顶是在平板上用以支承工件的部件，如图 2-6 所示。通常千斤顶是 3 个一组使用，其高度可以调整，以便找正工件。

　　(5) 直角尺。直角尺的两边呈精确的直角，直角尺有两种类型，图 2-7(a) 所示为扁直角尺，用在平面划线中，划垂直线；图 2-7(b) 所示为宽度直角尺，用在立体的划线中，划垂直线或找正垂直面。

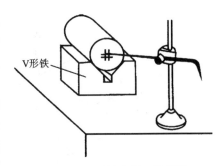

图 2-4　V 形铁支承工件划线

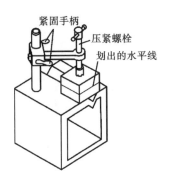

图 2-5　方箱支承工件找中心

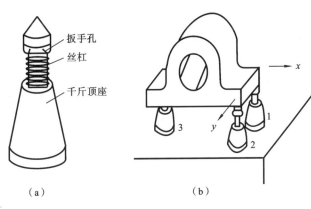

（a）　　　　　　　　　（b）

图 2-6　千斤顶

　　(6) 划针。划针是在工件上划线的基本工具。划针的形状及使用如图 2-8 所示。

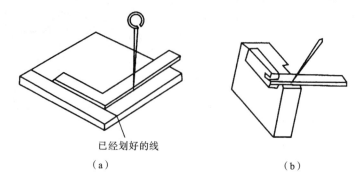

（a）　　　　　　　　　　　　　（b）

图 2-7　直角尺

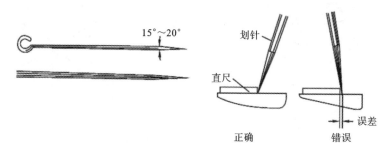

图 2-8　划针

（7）划规。划规可用于划圆、量取尺寸和等分线段，如图 2-9 所示。

图 2-9　划规

（8）划卡。划卡又称单脚规,用以确定轴及孔的中心位置,也可用来划平行线,如图 2-10 所示。

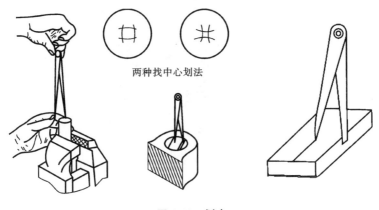

两种找中心划法

图 2-10 　划卡

（9）高度游标尺。高度游标尺是精密工具,既可测量高度,又可用于半成品的精密划线,但不可对毛坯划线,以防损坏硬质合金划线脚。高度游标尺的外形如图 2-11 所示。

（10）样冲。划出的线条在加工过程中容易被擦去,故要在划好的线段上用样冲打出小而分布均匀的样冲眼,如图 2-12 所示。钻孔前的圆心也要打样冲眼,以便钻头定位,如图 2-13 所示为样冲及其使用方法。

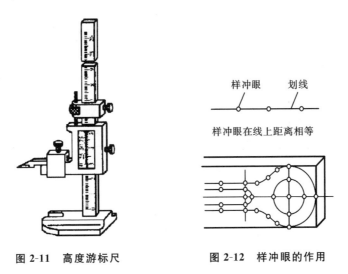

图 2-11 　高度游标尺

样冲眼　　　划线

样冲眼在线上距离相等

图 2-12 　样冲眼的作用

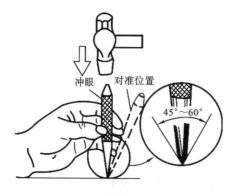

图 2-13 样冲及其使用方法

2.4 划线基准

基准是零件上用来确定点、线、面位置的依据。作为划线依据的基准称为划线基准。一般可以选重要孔的中心线或已加工面作为划线基准,如图 2-14 所示。

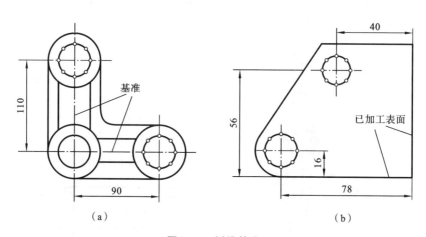

（a）

（b）

图 2-14 划线基准

<h1>2.5 平面划线</h1>

平面划线与机械制图相似,所不同的是平面划线使用的是划线工具。图 2-15 是在齿坯上划键槽的示例,属于半成品划线,其步骤如下:

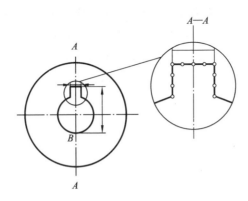

图 2-15 面划线(在齿坯上划键槽)

（1）先划出基准线 A—A；
（2）在 A—A 线两边间隔 2 mm 划出两条平行线,作为键槽宽度界线；
（3）从 B 点量取 16.3 mm,划 A—A 线的垂线,作为键槽的深度界线；
（4）校对尺寸无误后,打上样冲眼。

<h1>2.6 立体划线</h1>

立体划线的准备工作及注意事项如下:

（1）毛坯在划线前需清理,除去残留型砂及氧化皮,划线部位更应仔细清理,以便划出的线条明显、清晰。

（2）对照图纸,检查毛坯及半成品尺寸和质量,剔除不合格件。

（3）划线表面需涂上一层薄而均匀的涂料,毛坯面用大白浆,已加工面用紫色涂料(龙胆紫加虫胶和酒精)或绿色涂料(孔雀绿加虫胶和酒精)。

（4）用铅块或木块堵孔,以便确定孔的中心。

（5）工件支承要牢固、稳当,以防滑倒或移动。

（6）在一次装夹中,应把需要划出的平行线划全,以免补划时费工、费时及造成误差。

（7）应注意划线工具的正确使用,爱护精密工具。

图 2-16 所示为轴承座的立体划线方法,它属于毛坯划线。图 2-16（a）所示为轴承座各部位尺寸,划线步骤如下。

（1）根据孔中心及上平面调节千斤顶,使工件水平（见图 2-16（b））。

（2）划底面加工线和大孔的水平中心线（见图 2-16（d））。

（3）毛坯转 90°,用直角尺找正,划大孔的垂直中心线及螺钉孔中心线（见

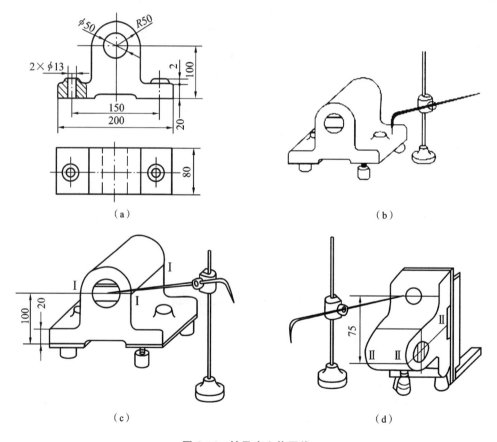

图 2-16　轴承座立体画线

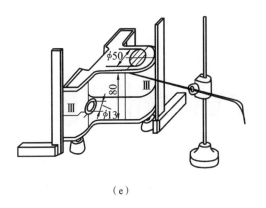 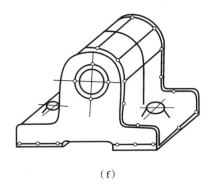

（e）　　　　　　　　　　　　（f）

续图 2-16

图 2-16（d））。

　　（4）毛坯再翻 90°,用直角尺两个方向找正划螺钉孔(见图 2-16(e))。

　　（5）打样冲眼,划另一方向的中心线及大端面加工线(见图 2-16(f))。

本章数字资源

钳工划线

第3章 钳工基本操作

3.1 锯 削

用手锯分割材料或在工件上切槽的加工称为锯削。锯削加工精度低,常需进行进一步加工来满足工艺要求。

3.2 手锯的构造

手锯由锯弓和锯条组成。

1. 锯弓

锯弓的形式有固定式和可调式两类,如图 3-1 所示。固定式锯弓的长度不能变动,只能使用单一规格的锯条。可调式锯弓可以使用不同规格的锯条,手把形状便于用力,目前广泛使用。

(a)固定式锯弓   (b)可调式锯弓

图 3-1 锯弓

2. 锯条及其选用

锯条由碳素工具钢经淬火处理制成。根据工件材料及厚度选择合适的锯条。不同规格锯条的齿距及用途见表 3-1。

表 3-1　不同规格锯条的齿距及用途

锯齿粗细	每 25 mm 长度内含齿数目	用途
粗齿	14～18	锯铜、铝等软金属及厚工件
中齿	24	加工普通钢、铸铁及中等厚度的工件
细齿	32	锯硬钢板料及薄壁管子

锯条规格以锯条两端安装孔之间的距离表示。常用的锯条约长 300 mm、宽 12 mm、厚 0.8 mm。

锯条齿形如图 3-2 所示。锯条按锯齿的齿距大小，又可分为粗齿、中齿、细齿三种，锯齿粗细的选用对锯削的影响如图 3-3 所示。

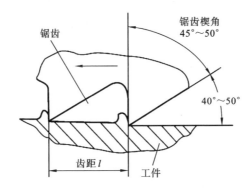

图 3-2　锯条齿形

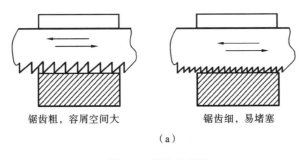

（a）

图 3-3　锯齿的粗细

15

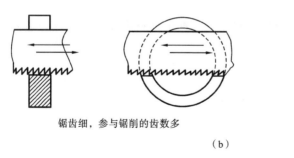

锯齿细，参与锯削的齿数多 锯齿粗，参与锯削的齿数少

（b）

续图 3-3

锯齿的排列有交叉形和波浪形，以减少锯口两侧与锯条间的摩擦，如图 3-4
所示。

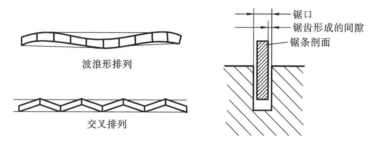

图 3-4 锯齿的排列形状

3.3 锯 削 方 法

1. 锯条的安装

锯条安装在锯弓上，锯齿应向前，松紧应适当，一般以用两手指能旋紧为度。
锯条安装好后，不能有歪斜和扭曲，否则锯削时易折断。

2. 工件安装

工件伸出钳口不应过长，以防止锯削时产生振动。锯线应和钳口边缘平行，并
夹在虎钳的左边，以便操作。工件要夹紧，并应防止夹变形和夹坏已加工的表面。

3. 手锯握法

手锯握法如图 3-5 所示,右手握锯柄,左手轻扶弓架前端。

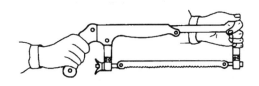

图 3-5　手锯握法

4. 锯削操作

锯削时,应注意起锯、锯削压力、锯削速度和往返长度,如图 3-6 所示。起锯时,锯条应对工件表面稍倾斜,起锯角度不宜过大(10°~15°),以免崩齿。为防止锯条滑动,可用手指甲挡住锯条,如图 3-6(a)所示。

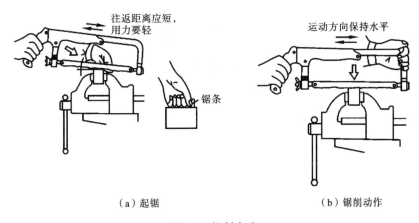

（a）起锯　　　　　　　　　（b）锯削动作

图 3-6　锯削方法

锯削时,锯弓做往返直线运动,左手施压,右手推进,用力要均匀。返回时,锯条轻轻滑过加工面,速度不宜太快,锯削开始和终了时,压力和速度均应减小,如图 3-6(b)所示。

锯硬材料时,应采用大压力慢移动方式;锯软材料时,可适当加速减压。为减轻锯条的磨损,必要时可加乳化液或机油等切削液。

锯条应利用全部长度,即往返长度应不小于全长的 2/3,以免造成局部磨损。锯缝如歪斜,不可强扭,应将工件翻转 90°重新起锯。

3.4 锯削注意事项

锯削注意事项如下：

（1）锯削时，用力要平稳，动作要协调，切忌猛推或强扭。

（2）要防止锯条折断时从锯弓上弹出伤人。

（3）工件装夹应正确牢靠，防止锯下部分跌落时砸伤身体。

本章数字资源

薄板的锯削

第4章 锉 削

用锉刀从工件表面锉掉多余金属的加工称为锉削。锉削可提高工件的加工精度和减小表面粗糙度。锉削是钳工最基本的操作方法,它多用于錾削或锯切之后,应用广泛。加工范围包括锉削平面、曲面、内孔、台阶面及沟槽等。

4.1 锉刀的构造

锉刀用碳素工具钢制成,并经淬硬处理。锉齿多是在剁锉机上剁出来的。齿纹呈交叉排列,构成刀齿,形成存屑槽,如图4-1所示。

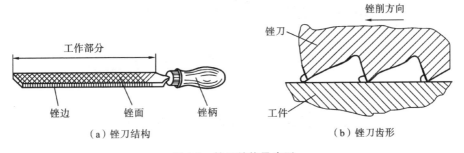

（a）锉刀结构　　　　　　　　　　（b）锉刀齿形

图 4-1　锉刀结构及齿形

锉刀规格以工作部分的长度表示,一般分为 100 mm、150 mm、200 mm、250 mm、300 mm、350 mm、400 mm 等七种。

4.2 锉刀的种类及选择

锉刀按每 10 mm 锉面上齿数多少划分为粗齿锉、中齿锉、细齿锉和油光锉,各自的特点和应用见表 4-1。

表 4-1 不同粗细刀齿锉刀的特点和应用

锉刀类型	齿数(10 mm 长度内)	特点和应用
粗齿	4~12	齿间大,不易堵塞,适宜粗加工或锉铜、铝等有色金属
中齿	13~23	齿间适中,适于粗锉后加工
细齿	30~40	锉光表面或锉硬金属
油光齿	50~62	精加工时修光表面

锉刀根据尺寸的不同,又可分为普通锉刀和什锦锉刀两类。普通锉刀形状及用途如图 4-2 所示。普通锉刀中,平锉用得最多。什锦锉刀尺寸较小,通常以 10 把形状各异的锉刀为一组,用于修锉小型工件以及某些难以进行机械加工的部位,如图 4-3 所示。

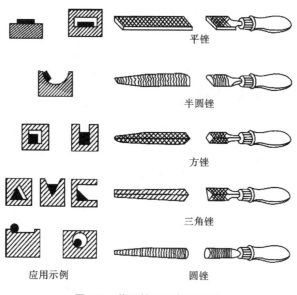

平锉

半圆锉

方锉

三角锉

应用示例　　　　圆锉

图 4-2 普通锉刀形状及用途

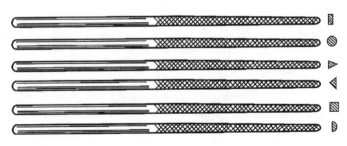

图 4-3　部分什锦锉刀形状

4.3　锉刀的正确使用

1. 握锉方法

锉刀握法如图 4-4 所示。右手握锉柄,左手压在锉刀另一端上,保持锉刀水平。使用不同大小的锉刀,有不同的姿势及施力方式。

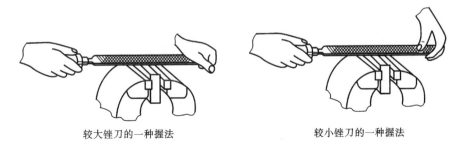

较大锉刀的一种握法　　　　　　　　较小锉刀的一种握法

图 4-4　锉刀握法

2. 锉削施力

锉削时,必须正确掌握施力方法,两手施力要随锉刀的位置有所变化,以保持锉刀水平运动,如图 4-5 所示,避免在锉削开始阶段锉柄下偏,锉削终了时锉刀前端下垂,锉削成两边低而中间凸起的鼓形面。

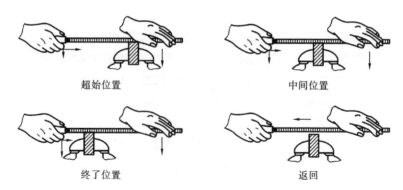

超始位置　　　　　　　　中间位置

终了位置　　　　　　　　返回

图 4-5　锉削施力方法

4.4　锉削方法

1. 平面锉削

平面锉削是锉削中最常见的,其步骤如下。

(1) 选择锉刀:锉削前应根据金属的硬度、加工表面面积、加工余量大小、工件表面粗糙度要求来选择锉刀。

(2) 装夹工件:工件应牢固地夹在虎钳钳口中部,锉削表面需高于钳口;夹持已加工表面时,应在钳口垫铜片或铝片。

(3) 锉削:锉削平面有顺向锉、交叉锉和推锉 3 种方法,如图 4-6 所示。顺向锉

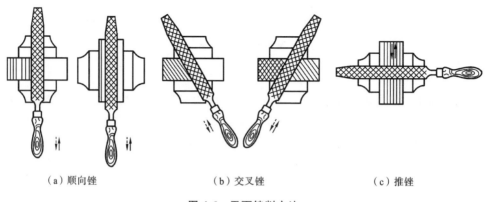

（a）顺向锉　　　　　　　（b）交叉锉　　　　　　　（c）推锉

图 4-6　平面锉削方法

是锉刀沿长度方向锉削,一般用于最后的锉平或锉光。交叉锉是先沿一个方向锉一层,然后再转 90°锉平。交叉锉切削效率高,锉刀也容易掌握,常用于粗加工,以便尽快切去较多的余量。推锉时,锉刀运动方向与其长度方向垂直。当工件表面已基本锉平时,可用细锉或油光锉以推锉法修光。推锉法尤其适合于加工较窄表面,以及用在顺向锉削锉刀推进受阻碍的情况下。

　　(4)检验:锉削时,工件的尺寸可用钢尺和卡尺检验。工件的直线度、平面度及垂直度可用刀口尺、直角尺等根据是否透光来检验,检验方法见图 4-7 所示。

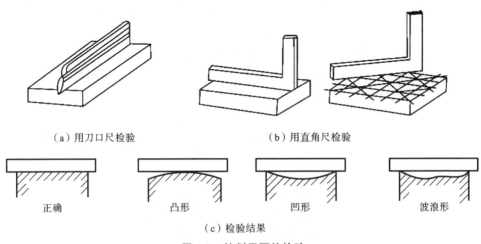

　　　(a)用刀口尺检验　　　　　　　　　(b)用直角尺检验

　　正确　　　　　　凸形　　　　　　凹形　　　　　　波浪形

(c)检验结果

图 4-7　锉削平面的检验

2. 圆弧面锉削

　　锉削圆弧面时,锉刀既需向前推进,又需绕圆弧面中心摆动。常用的有外圆弧面锉削时的滚锉法和顺锉法,如图 4-8 所示。滚锉时,锉刀顺圆弧摆动锉削。滚锉

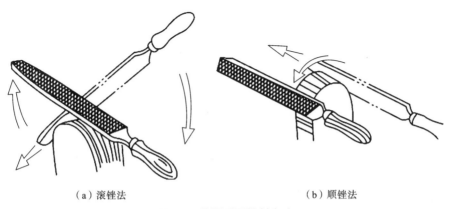

　　　(a)滚锉法　　　　　　　　　　　(b)顺锉法

图 4-8　外圆弧面锉削方法

常用作精锉外圆弧面。顺锉时,锉刀垂直于圆弧面径向运动。顺锉适宜于粗锉。

3. 锉削操作注意事项

(1) 有硬皮或砂粒的铸件、锻件,要用砂轮磨去硬皮或砂粒后,才可用半锋利的锉刀或旧锉刀锉削。

(2) 不要用手摸刚锉过的表面,以免再锉时打滑。

(3) 被锉屑堵塞的锉刀,用钢丝刷顺锉纹的方向刷去锉屑,若嵌入的锉屑大,则要用铜片剔去。

(4) 锉削速度不可太快,否则会打滑。锉削回程时,不要再施加压力,以免锉齿磨损。

(5) 锉刀材料硬度高而脆,切不可摔落地下,也不把锉刀作为敲击物敲打其他物体,或作为杠杆撬其他物体;用油光锉时,不可用力过大,以免折断锉刀。

本章数字资源

工件的表面锉削　　　　　平口钳锉削

第5章 孔及螺纹加工

钳工进行的孔加工,主要有钻孔、扩孔、铰孔和锪孔。钻孔是攻螺纹前的准备工序。

孔加工常在台式钻床、立式钻床或摇臂钻床上进行。若工件大而笨重,也可使用手电钻钻孔。铰孔有时也用手工进行。

5.1 钻 床

1. 台式钻床

台式钻床简称台钻,如图 5-1 所示。台钻是一种小型机床,放置在钳工工作台上使用。其钻孔直径一般在 12 mm 以下。加工的孔径较小,台钻主轴转速较高,最高时每分钟可达近万转,可加工 1 mm 以下小孔。主轴转速一般用改变三角带在带轮上的位置来调节。台钻的主轴进给运动由手动完成。台钻小巧灵便,主要用于加工小型工件上的各种孔。在钳工中台钻是使用得最多的钻床。

2. 立式钻床

立式钻床简称立钻,如图 5-2 所示。一般用来钻中型工件上的孔,其规格用最大钻孔直径表示,常用的有 25 mm、35 mm、40 mm、50 mm 等几种。

立式钻床主要由机座、立柱、主轴变速箱、进给箱、主轴、工作台和电动机等组成。主轴变速箱和进给箱与车床类似,分别用以改变主轴的转速与直线进给速度。钻小孔时,转速需高些;钻大孔时,转速应低些。钻孔时,工件安放在工作台上,通过移动工件位置使钻头对准孔的中心。

3. 摇臂钻床

摇臂钻床用来钻削大型工件的各种螺钉孔、螺纹底孔和油孔等,如图 5-3 所示。它有一个能绕立柱旋转的摇臂。主轴箱可以在摇臂上做横向移动,并随摇臂沿立柱上、下做调整运动。刀具安装在主轴上,操作时,能很方便地调整到所需钻削孔的中心,而不需移动工件。摇臂钻床加工范围广泛,在单件和成批生产中多被采用。

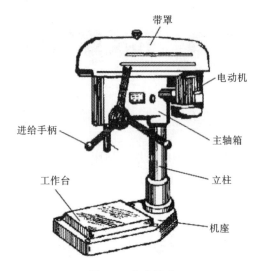

图 5-1　台式钻床

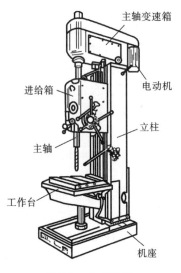

图 5-2　立式钻床

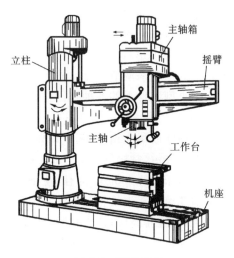

图 5-3　摇臂钻床

5.2　钻　孔

用麻花钻在材料实体部位加工孔称为钻孔。钻床钻孔时,钻头旋转(主运动)并做轴向移动(进给运动),如图 5-4 所示。

由于钻头的结构上存在刚度低、导向作用差、排屑困难等不足,故钻孔精度低,尺寸公差等级一般为 IT12 左右,表面粗糙度 Ra 值为 12.5 μm 左右。

1. 麻花钻及安装方法

麻花钻是钻孔的主要工具,其组成如图 5-5 所示。直径小于 12 mm 时一般为柱柄钻头,直径大于 12 mm 时为锥柄钻头。

麻花钻的装夹方法按其柄部的形状不同而异。锥柄可以直接装入钻床主轴孔内。较小的钻头可用过渡套筒安装,如图 5-6 所示。柱柄钻头则用钻夹头安装。

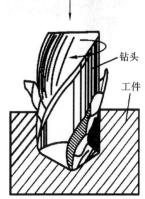

图 5-4　钻削时的运动

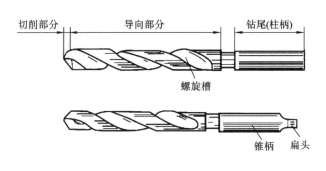

图 5-5　麻花钻

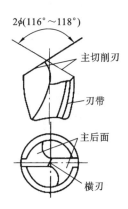

2. 钻孔方法

1) 钻孔前的准备

钻孔前,工件要划线定心,在工件孔的位置划出加工圆和检查圆,并在加工圆

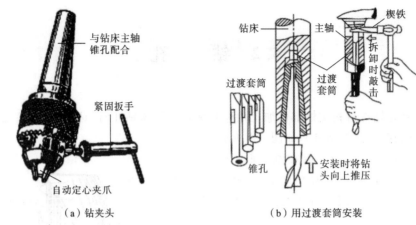

（a）钻夹头　　　　　　　（b）用过渡套筒安装

图 5-6　钻夹头及过渡套筒安装

的中心冲出样冲眼。

　　根据孔径大小选取合适的钻头,检查钻头主切削刃是否锋利和对称,如不合要求,应认真修磨。装夹时,应将钻头轻轻夹住,开车检查是否放正,若有摆动,则应纠正,最后用力夹紧。

　　2）工件的装夹

　　对不同大小与形状的工件,可用不同的装夹方法。一般可用虎钳、平口钳等装夹。在圆柱形工件上钻孔时,可放在 V 形铁上进行,亦可用平口钳装夹。较大的工件则用压板和螺钉直接装夹在机床工作台上,各种装夹方法如图 5-7 所示。

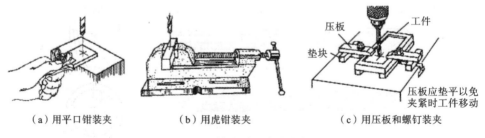

（a）用平口钳装夹　　　　（b）用虎钳装夹　　　　（c）用压板和螺钉装夹

图 5-7　钻孔时工件的装夹

　　3）钻孔操作

　　按划线钻孔时,应先对准样冲眼试钻一浅坑,如有偏位,可用样冲重新冲孔纠正,也可用錾子錾出几条槽来纠正。钻孔时,进给速度要均匀。快要钻通时,进给量要减小。钻韧性材料要加切削液。钻深孔(孔深 L 与直径 d 之比大于 5)时,必须经常退出钻头排屑。钻床钻孔时,孔径大于 30 mm 的孔,需分两次钻出。

4) 钻孔注意事项

为了操作安全,钻孔时,身体不要贴近主轴,不得戴手套,手中也不允许拿棉纱。切屑要用毛刷清理,不能用手抹或嘴吹。钻通孔时,工件下面要垫上垫板或把钻头对准工作台空槽。工件必须放平、放稳。更换钻头时要停车。松紧夹头要用紧固扳手,切忌锤击。

5.3 扩 孔

用扩孔钻对已有的孔(铸孔、锻孔、钻孔)做扩大加工称为扩孔。扩孔所用的刀具是扩孔钻。扩孔钻的结构与麻花钻相似,但切削刃有 3~4 个,前端是平的,无横刃,螺旋槽较浅,钻体粗大结实,切削时刚度高,不易弯曲,扩孔尺寸公差等级可达 IT10~IT9,表面粗糙度 Ra 值可达 3.2 μm。扩孔可作为终加工,也可作为铰孔前的预加工。

5.4 铰 孔

铰孔是用铰刀对孔进行最后精加工的一种方法,铰孔可分粗铰和精铰。精铰加工余量较小,只有 0.05~0.2 mm,尺寸公差等级可达 IT8~IT7,表面粗糙度 Ra 值可达 0.8 μm。铰孔前,工件应经过钻孔—扩孔(或镗孔)等加工。铰孔所用刀具是铰刀,如图 5-8 所示。

铰刀有手用铰刀和机用铰刀两种。手用铰刀为直柄,工作部分较长。机用铰刀多为锥柄,可装在钻床、车床或镗床上铰孔。铰刀的工作部分由切削部分和修光部分组成,切削部分呈锥形,担负着切削工作,修光部分起着导向和修光作用。铰刀有 6~12 个切削刃,每个刀刃的切削负荷较轻。铰孔时,选用的切削速度较低,进给量较大,并要使用切削液。铰铸铁件用煤油作为切削液,铰钢件用乳化液作为切削液。

铰孔时应注意的事项:

(1) 铰刀在孔中绝对不可倒转,即使在退出铰刀时,也不可倒转。否则,铰刀

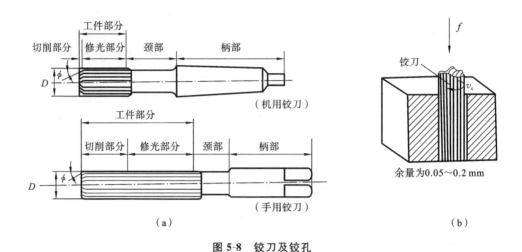

图 5-8　铰刀及铰孔

和孔壁之间易于挤住切屑,造成孔壁划伤或刀刃崩裂。

（2）机铰时,要在铰刀退出孔后再停车。否则,孔壁有拉毛痕迹。铰通孔时,铰刀修光部分不可全部露出孔外,否则,出口处会划坏。

（3）铰钢制工件时,切屑易粘在刀齿上,故应经常清除,并用油石修光刀刃,否则,孔壁易拉毛。

5.5　螺 纹 加 工

　　钳工加工螺纹的方法主要是指攻螺纹和套螺纹。攻螺纹是用丝锥加工内螺纹的操作。套螺纹是用板牙在圆柱件上加工外螺纹的操作。

　　1. 丝锥和铰杠

　　丝锥的结构如图 5-9 所示。其工作部分是一段开槽的外螺纹,还包括切削部分和校准部分。切削部分是圆锥形,切削负荷被各刀齿分担。校准部分具有完整的齿形,用以校准和修光切出的螺纹。丝锥有 3～4 条窄槽,以形成切削刃和排出切屑。丝锥的柄部有方头,攻螺纹时用其传递力矩。

　　手用丝锥一般由两支组成一套,分为头锥和二锥。两支丝锥的外径、中径和内径均相等,只是切削部分的长短和锥角不同。头锥切削部分较长,锥角较小,约有 6 个不完整的齿,以便切入。二锥切削部分较短,锥角较大,不完整的齿约为 2 个。

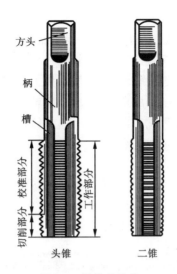

图 5-9 丝锥的结构

切不通孔时,两支丝锥交替使用,以便将螺纹攻至接近根部。切通孔时,头锥能一次完成。螺距大于 2.5 mm 的丝锥常制成 3 支一套。

铰杠是扳转丝锥的工具,如图 5-10 所示,常用的是可调节式,转动右边的手柄或螺钉,即可调节方孔大小,以便夹持各种不同尺寸的丝锥。铰杠的规格要与丝锥的大小相适应。小丝锥不宜用大铰杠,否则,易折断丝锥。

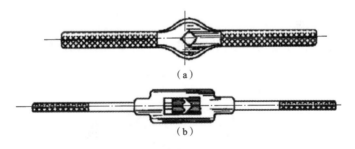

（a）

（b）

图 5-10 铰杠

2. 攻螺纹方法

攻螺纹前必先钻孔。由于丝锥工作时除了切削金属以外,还有挤压作用,因此,钻孔的孔径应略大于螺纹的内径。可选用相应的标准钻头。

螺纹底孔直径 d_0 可采用下列经验公式计算：

钢材 $$d_0 = D - P$$

铸铁 $d_0 = D - (1.05 \sim 1.1)P$

式中：d_0 为底孔直径；D 为螺纹公称直径；P 为螺距。

攻螺纹时，将丝锥头部垂直放入孔内，转动铰杠，适当加些压力，直至切削部分全部切入后，即可用两手平稳地转动铰杠，不加压力旋到底。为了避免切屑过长而缠住丝锥，操作时，应如图 5-11 所示，每顺转 1 圈转后，轻轻倒转 1/4 圈，再继续顺转。对钢料攻螺纹时，要加乳化液或机油润滑；对铸铁攻螺纹时，一般不加切削液，但若螺纹表面要求光滑时，可加些煤油。

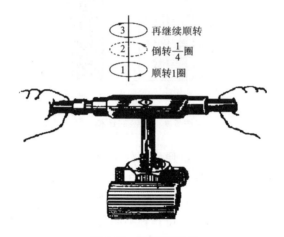

图 5-11 攻螺纹操作

3. 板牙和板牙架

板牙有固定式和开缝式(可调的)两种。图 5-12 所示为开缝式板牙，其板牙螺

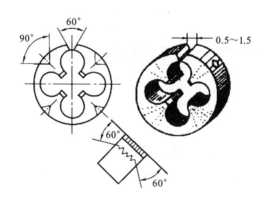

图 5-12 开缝式板牙

纹孔的大小可作微量的调节。板牙孔的两端带有 60°的锥度部分,是板牙的切削部分。套扣用的板牙架如图 5-13 所示。

图 5-13   板牙架

4. 套螺纹方法

套螺纹前应检查圆杆直径,太大难以套入,太小则套出螺纹不完整。套螺纹的圆杆必须倒角,如图 5-14 所示。套螺纹时板牙端面与圆杆垂直,如图 5-15 所示。开始转动板牙架时,要稍加压力,套入几圈螺纹后,即可转动,不再加压。套螺纹过程中要时常反转,以便断屑。在钢件上套螺纹时,应加机油润滑。

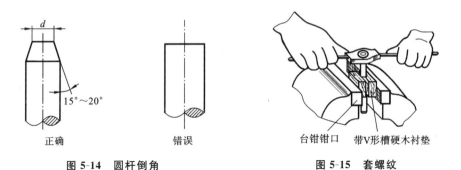

图 5-14   圆杆倒角   图 5-15   套螺纹

本章数字资源

台钻钻孔

摇臂钻钻孔

第6章 研磨和刮削

研磨是一种利用研具和研磨剂从工件表面磨掉一层微薄的金属的精密加工方法,主要作用是使工件的表面具有很高的光洁度,同时保证工件的尺寸精确,使工件紧合密封良好。

6.1 研磨的原理

工件研磨的本质是研磨剂在工件与研具的相互作用下部分嵌入了研具内,此时研具就像具有无数切削刃的砂轮,研磨时就对工件有切削作用。研磨时每次研磨的研磨余量根据工件尺寸的不同有不同的要求,具体如表6-1、表6-2所示。

表6-1 平面研磨的加工余量

平面长度/mm	余量限度	平面宽度/mm		
		≤25	>25~75	>75~150
≤25	最大	0.007	0.010	0.014
	最小	0.005	0.007	0.010
>25~75	最大	0.010	0.016	0.020
	最小	0.007	0.010	0.016
>75~150	最大	0.014	0.020	0.024
	最小	0.010	0.016	0.020
>150~250	最大	0.018	0.024	0.030
	最小	0.014	0.020	0.024

表 6-2　外表面研磨的加工余量

轴径范围/mm	余量限度	粗磨后精磨前/mm	精磨后研磨前/mm
1～10	最小	0.015	0.005
	最大	0.020	0.008
>10～18	最小	0.020	0.006
	最大	0.025	0.008
>18～30	最小	0.025	0.007
	最大	0.030	0.010
>30～50	最小	0.025	0.007
	最大	0.030	0.010
>50～80	最小	0.028	0.008
	最大	0.035	0.012
>80～120	最小	0.032	0.010
	最大	0.040	0.014
>120～180	最小	0.038	0.012
	最大	0.045	0.016
>180～260	最小	0.040	0.015
	最大	0.050	0.020

经过长期的实践证明,工件经过研磨后,其表面粗糙度与研磨时的压力、速度、研磨剂的粗细都有一定的关系。当压力大、速度慢、研磨剂粗的时候,工件的表面粗糙度低;反之则工件的表面粗糙度高。

6.2　研具和磨料

研具决定了工件表面和几何形状,一般有平板、圆锥棒、圆柱棒等几种形式,如图 6-1 所示。

研磨剂主要由磨料和研磨液混合制成,它的种类比较多,表 6-3 列举了常用研磨机的名称、颜色、强度、硬度以及用途。

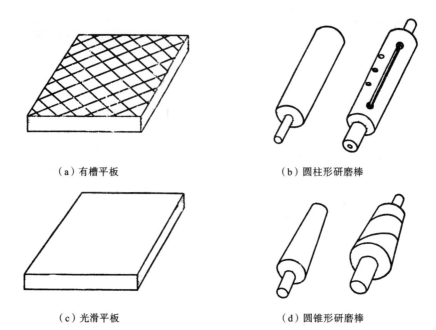

（a）有槽平板 　　　　　　　　　（b）圆柱形研磨棒

（c）光滑平板 　　　　　　　　　（d）圆锥形研磨棒

图 6-1　研具

表 6-3　研磨剂的种类和用途

系列	磨料名称	代号	颜色	强度和硬度	用　途	
					工件材料	应用范围
刚玉类	棕刚玉	GZ	棕色	比碳化硅稍软，韧度高	钢、铸铁、黄铜	初研磨
	白刚玉	GB	灰白色	切削性能好，韧度稍低		
	铬刚玉	GG	浅紫色	韧度较高		
	单晶刚玉	GD	棕色	硬度大，强度高		
碳化物类	黑碳化硅	TH	黑色不透明	比刚玉硬，性脆而锋利	铸铁、钢、青铜、黄铜	初研磨
	绿碳化硅	TL	绿色半透明	比黑碳化硅脆	硬质合金、铬	初研磨及最后研磨
	碳化硼	TP	黑色	比碳化硅硬		

续表

系列	磨料名称	代号	颜色	强度和硬度	用　　途	
					工件材料	应用范围
金刚石类	人造金刚石	JR	灰色至黄白色	最硬	硬质合金	初研磨及最后研磨
	天然金刚石	JT				
氧化物类	氧化铁	Fe_2O_3	红色至暗红色和紫色	比氧化铬软	钢	极细的最后研磨(抛光)
	氧化铬	Cr_2O_3	深绿色	较硬	钢	

在研磨的操作中需要注意的事项有：

（1）准备好研磨工具和研磨剂。

（2）做好上料工作。

（3）研磨时所使用的压力和推力要均匀平稳。

（4）在研磨过程中,要经常检查工件形状、尺寸和表面粗糙度。

（5）根据不同的研磨情况,采用不同的润滑剂。

6.3　刮　　削

用刮刀在工件已加工表面上刮去一层薄金属的加工称为刮削。刮削是钳工中的一种精密加工方法。

刮削时,刮刀对工件有切削作用,同时又有压光作用。因此,刮削后的表面具有良好的平面度,表面粗糙度 Ra 值可达 $1.6~\mu m$ 以下。为了达到配合精度,增加接触面,减少摩擦磨损,提高使用寿命,零件上的配合滑动表面,如机床导轨、滑动轴承等,常需经过刮削。刮削劳动强度大,生产率低,故加工余量不宜过大（0.1 mm 以下）。

平面刮削分为粗刮、细刮、精刮、刮花等。

第7章　装配的基础知识

　　任何一台机器都是由许多零件组成的。按照规定的技术要求,将零件组装成机器的工艺过程称为装配。

　　装配是机器制造的重要阶段,装配质量的好坏对机器的性能和使用寿命影响很大。装配不良的机器,其性能降低,消耗的功率增加,使用寿命缩短。尤其是工作母机(如机床),如果装配质量差,用它制造的产品精度低、表面质量差。

　　装配应遵守下列规范:

　　(1)机械装配应严格按照装配图纸及工艺要求进行。

　　(2)装配的零件必须是质检合格的零件,装配过程中若发现不合格零件要及时上报。

　　(3)装配环境保持整洁干净。

　　(4)装配过程中不允许踩踏零件,不得磕碰、切伤零件表面(尤其是配合表面)或内里。

　　(5)装配相对运动的零件时应在接触面加润滑油(脂)。

　　(6)装配时,使用的零件和工具应分区并用专门设施摆放。

7.1　产品装配的步骤

　　1.装配前的准备

　　(1)研究和熟悉产品的图纸,了解产品的结构,了解零件作用和相互连接关系,掌握产品装配的技术要求。

　　(2)确定装配方法、程序和所需的工具。

　　(3)备齐零件,并进行清洗,涂防护润滑油。

　　2.装配

　　装配工作的过程一般分为组件装配、部件装配和总装配。

（1）组件装配：将两个或两个以上的零件连接组合成为组件的过程。

（2）部件装配：将组件和零件或组件和组件连接组合成独立部件的过程。

（3）总装配：将部件和零件或部件与部件连接组合成为整台机器的过程。

3．调试

对机器进行调试、调整、精度检验和试车，使产品达到质量要求。

4．喷漆和装箱

装配调试好的产品喷漆、装箱。

7.2　装配单元系统图

某减速器低速轴组件装配示意图（见图 7-1）。装配过程可用装配单元系统图来表示，如图 7-2 所示，其绘制方法如下：

（1）先画一条竖线。

（2）竖线左端画一长方格，代表基准件。在长方格中说明装配单元的名称、编号和数量。

（3）竖线右端画一长方格，代表装配的成品。

（4）竖线自上至下表示装配的顺序。

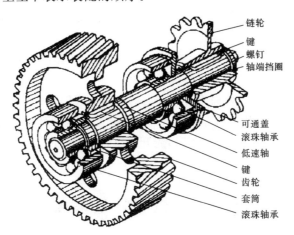

链轮
键
螺钉
轴端挡圈
可通盖
滚珠轴承
低速轴
键
齿轮
套筒
滚珠轴承

图 7-1　某减速器低速轴组件装配示意图

根据装配单元系统图，可以清楚地看出成品的装配过程，也便于指导和组织装配工作。装配时，应注意下述几项要求：

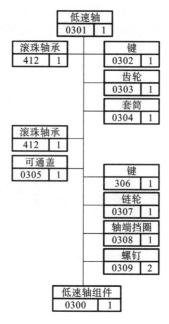

图 7-2　装配单元系统图

（1）应检查零件与装配有关的形状和尺寸精度是否合格，检查有无变形、损坏等情况。

（2）固定连接的零部件不允许有间隙，活动连接的零件能在正常的间隙下灵活地按规定方向运动。

（3）各种运动部件的接触面必须有足够的润滑，油路需畅通。

（4）各密封件在装配后不得有渗漏现象。

（5）高速运动构件的外面不得有凸出的螺钉头或销钉头等。

（6）装配完毕，应开机试车。试车前，先检查各运动部件的操纵机构是否灵活，手柄是否在合适位置上。试车时，先开慢车，再逐步加速。

7.3　典型零件的装配

1. 滚珠轴承的装配

图 7-3 所示为滚珠轴承的装配简图。滚珠轴承的装配大多用较小的过盈配

合,常用手锤或压力机压装。为了装入时施力均匀,一般采用垫套加压。若轴承与轴的配合过盈较大,则先将轴承悬吊在 80~90 ℃ 的热油中加热,然后再进行热装。

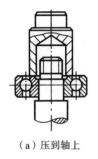 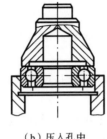

（a）压到轴上　　　　　　（b）压入孔中　　　　　　（c）同时压到轴上和孔中

图 7-3　滚珠轴承的装配

2. 螺纹连接件的装配

螺纹连接件具有装配简单、调整及更换方便、连接可靠等优点,因而在机械制造中广泛应用。

螺纹连接件装配的基本要求如下:

（1）螺母配合时,应能用手自由旋入,然后再用扳手拧紧。

（2）螺母端面应与螺纹轴线垂直,以便受力均匀。

（3）零件与螺母的贴合面应平整光洁,否则螺纹连接容易松动。

（4）装配一组螺纹连接件时,应按图 7-4 所示的顺序拧紧,以保证零件贴合面受力均匀。同时,对每个螺母应分 2~3 次拧紧,这样才能使各个螺钉承受均匀的负荷。

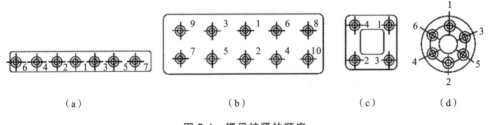

（a）　　　　　　　　（b）　　　　　　（c）　　　（d）

图 7-4　螺母拧紧的顺序

7.4 拆卸工作

机器在运转磨损后,常需要进行拆卸修理或更换零件。拆卸时,应注意如下要求:

(1)机器的拆卸前,应根据机器的结构,预先确定操作程序,以免先后倒置;应避免猛拆、猛敲造成零件的损伤或变形。

(2)拆卸的顺序应与装配的顺序相反,一般应遵循先外部后内部,先上部后下部的拆卸顺序,依次拆下组件或零件。

(3)拆卸时,为了保证合格零件不会损伤,应尽量使用专用工具。严禁用硬手锤直接敲击工件表面。

(4)拆卸时,必须先辨清回松方向(如左、右旋等)。

(5)拆下的零部件必须按次序收放整齐。有的按原来结构套在一起;有的做上记号,以免错乱;易变形、弯曲的零件(如丝杠、长轴等),拆下后应吊在架子上。

(6)保护拆卸零件的加工表面,不要损伤零件的加工表面。

7.5 拆装常用工具

拆卸与装配常用的工具如表 7-1 所示。

表 7-1 拆装常用工具表

名称		实物图	工具简介
扳手	开口扳手		开口扳手又称呆扳手,通常是成套装备,其规格是以两端开口的宽度 S(mm)来表示,有 8 件或 10 件一套等
	梅花扳手		梅花扳手两端是环状的,它比开口扳手强度高,不易滑脱,其规格以闭口尺寸 S(mm)来表示,有 8 件或 10 件一套等

续表

名　　称		实　物　图	工具简介
扳手	套筒扳手		套筒扳手的材料及环孔形状与梅花扳手类似,常用于拆卸位置狭窄或需要一定扭矩的螺栓或螺母,常用规格为 10 ～ 32 mm
	活动扳手		活动扳手因其开口能在一定范围内调整而得名,其规格常有 150 mm、300 mm 等
	内六角扳手		内六角扳手的规格用六边形对边尺寸 S 表示,常用规格为 3～27 mm
螺丝刀	一字螺丝刀		一字螺丝刀又称平口改锥,主要作用于头部开一字槽的螺钉,常用规格有 100 mm、150 mm、200 mm 和 300 mm 等,应根据螺钉沟槽宽度来选择相应规格
	十字螺丝刀		十字螺丝刀与一字螺丝刀类似,主要作用于头部带十字沟槽的螺钉

续表

名　称		实　物　图	工具简介
手锤和钳	钳工锤		钳工锤的规格以锤头质量来表示,其中 0.5～0.75 kg 比较常见
	尖嘴钳	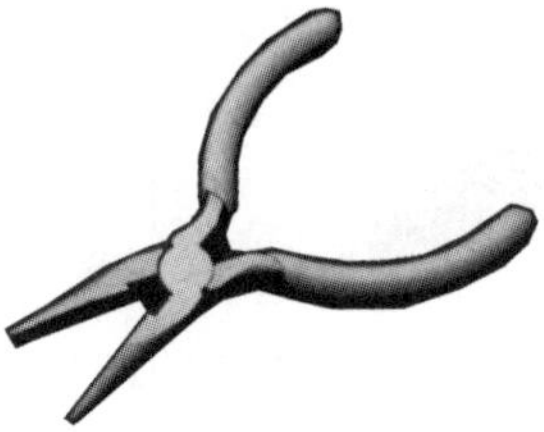	尖嘴钳的头部细长,可以剪切细小的零件,但应预防因用力过大而使头部变形,其规格一般用钳长表示
其他	拉力器	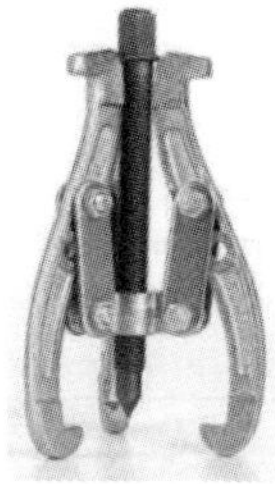	拉力器常用来拉出物体,如把物体从轴上或孔中拉出

7.6　拆装案例

案例 1:减速器的拆卸与装配。

减速器是一种由封闭在刚性壳体内的齿轮传动、蜗杆传动、齿轮-蜗杆传动所组成的独立部件,常用在原动机和工作机或执行机构之间起匹配转速和传递转矩作用。

下面对减速器进行拆卸与装配。该减速器是一个单级的蜗轮蜗杆减速器,具体结构如图 7-5 所示,拆装所使用的工具如图 7-6 所示,减速器拆装步骤如表 7-2 所示。

图 7-5　单级蜗轮蜗杆减速器结构图

橡皮锤

钳工锤

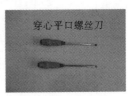

穿心平口螺丝刀

内六角扳手

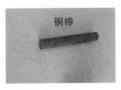

铜棒

棉纱

图 7-6　拆装工具

表 7-2　减速器拆装步骤

操作	步骤详解	
内容	步骤	图片
1. 了解减速器的总体结构		
2. 拆卸右端盖	（1）选择右端盖对角线上的两颗螺钉拧松	

操作	步骤详解	
内容	步骤	图片
2. 拆卸右端盖	（2）再将另外两颗螺钉拧松，然后按照顺时针或逆时针顺序拧出全部四颗螺钉	
	（3）使用一个穿心平口螺丝刀和橡皮锤，将螺丝刀刃口对准端盖与减速器壳体的缝隙，敲击螺丝刀柄端直至右端盖和箱体出现缝隙，取下右端盖	
3. 拆卸左端盖	使用同样方法拆下左端盖	
4. 拆卸蜗杆	使用橡皮锤敲击伸出来的蜗杆轴，取出蜗杆	

续表

步骤	步骤详解	
内容	步骤	图片
	(1) 使用内六角扳手将前端盖上对角的两颗螺钉拧松	
	(2) 选择另一对角的两颗螺钉,将其拧松,然后顺时针或逆时针方向把所有螺钉拧松至可以取下	
5. 拆卸前端盖	(3) 取下前端盖螺钉,穿心平口螺丝刀刀口插入端盖与壳体的缝隙,用橡皮锤敲击螺刀柄端,直至出现缝隙	
	(4) 使用两个穿心平口螺丝刀插入端盖与壳体的缝隙,用橡皮锤轮流敲击两个螺丝刀柄端,直至前端盖和壳体完全分离	

步骤	步骤详解	
内容	步骤	图片
5. 拆卸前端盖	（5）若蜗轮和前端盖连接在一起,取出蜗轮和前端盖	
	（6）用橡皮锤依次敲击前端盖四角,直至蜗轮和前端盖分离	
6. 拆卸后端盖	（1）使用内六角扳手拧松后端盖对角的两颗螺钉	
	（2）选择另外两颗螺钉拧松,然后顺时针或逆时针方向把所有螺钉拧松至可以取下	

步骤	步骤详解	
内容	步骤	图片
6. 拆卸后端盖	（3）将穿心平口螺丝刀刀口插入端盖与壳体的缝隙，用橡皮锤轻轻敲击螺丝刀柄端，直至后端盖和箱体之间出现缝隙	
	（4）使用两个穿心平口螺丝刀插入端盖与壳体的缝隙，用橡皮锤依次敲击螺丝刀柄端，直至后端盖和箱体完全分离	
7. 装配蜗轮和后端盖	（1）把后端盖和蜗轮组合在一起，放入箱体	

步骤	步骤详解	
内容	步骤	图片
7. 装配蜗轮和后端盖	(2) 用橡皮锤轻轻敲击后端盖四周,直至后端盖和箱体靠在一起	
	(3) 在后端盖对角放入两颗螺钉,使用内六角扳手预拧紧	
	(4) 再放入另外两颗螺钉,使用内六角扳手预拧紧	
	(5) 按照顺时针或逆时针顺序拧紧全部四颗螺钉	
8. 装配前端盖	(1) 把前端盖套入轴中,用橡皮锤敲击四周,直至前端盖和箱体靠在一起	
	(2) 在后端盖对角放入两颗螺钉,使用内六角扳手预拧紧	

步骤	步骤详解	
内容	步骤	图片
8. 装配前端盖	（3）再放入另外两颗螺钉，使用内六角扳手预拧紧	
	（4）按照顺时针或逆时针顺序拧紧全部四颗螺钉	
9. 装配蜗杆	（1）把轴承外圈和蜗杆放入箱体	

步骤	步骤详解	
内容	步骤	图片
9. 装配蜗杆	（2）用铜棒对正轴承外圈，用铁锤轻轻敲击铜棒，使两个轴承外圈都没入箱体	
10. 装配左端盖	螺钉拧紧方法同前后端盖的螺钉拧紧方法，装配好左端盖	
11. 装配右端盖	螺钉拧法同上，装配好右端盖	

本章数字资源

自行车前叉
部分拆卸

自行车剩余
部分拆卸

装配自行车
固定部分

装配自行车
后轮部分

装配自行车
前轮部分

第8章 钳工基本技能教学案例

8.1 六角螺母的制作

1．教学目的

（1）掌握六角螺母的加工方法，并使所加工六角螺母达到一定的锉削精度；

（2）掌握分度头分度使用方法，提高游标卡尺测量准确度；

（3）掌握计算螺纹底孔尺寸公式，并掌握正确的攻螺纹方法。

2．教学准备

（1）材料：Q235 钢料；规格为 $\phi 20 \times 10$ mm。

（2）工具：各种锉刀、毛刷、M8 丝锥、扳手、虎钳、台式钻床、麻花钻头、划针、划规、样冲、手锤、划线平板、方箱、分度头。

（3）量具：直尺、高度游标尺、游标卡尺、刀口直角尺。

3．制作过程

（1）分析图纸（见图 8-1），确定制作工艺。

（2）检查工件的毛坯。

（3）加工基准面和平行面。

先修整 A 面并将 A 面作为基准面，再加工 A 面的平行面，使用刀口尺、游标卡尺检测，使尺寸达到图纸要求（见图 8-2）。

（4）划线。

使用分度头和高度尺，确定工件中心，使用样冲打出中心眼，并进行分度，画出零件加工轮廓。

（5）加工六角 B 面。

先加工 B 面，单边粗锉加工 1.5 mm（见图 8-3），以刀口直角尺控制平面度和

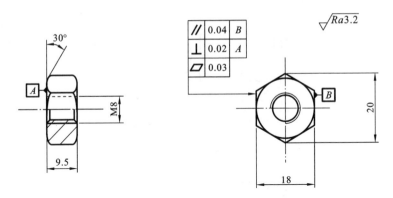

图 8-1　六角螺母

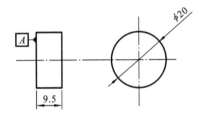

图 8-2　修整 A 面

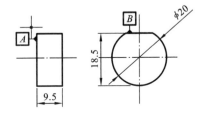

图 8-3　加工 B 面

垂直度,并且用游标卡尺测量控制尺寸 18.5 mm。

(6) 加工 B 面的平行面。

在 B 面加工完成达到要求后,以 B 面为基准,锉削加工 B 面的平行面至划线处(见图 8-4),再精加工达到平面度和与大 A 面的垂直度,且与 B 面达到平行度要求,用游标卡尺控制尺寸达到 17 mm。

(7) 采用同样方法加工其他面(见图 8-5)。

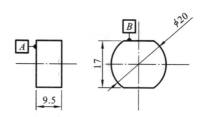

图 8-4　加工 *B* 面的平行面

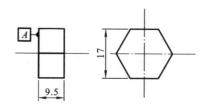

图 8-5　加工其他面

(8) 倒角。按照内切圆轮廓倒角(见图 8-6)。

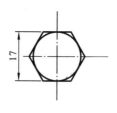

图 8-6　倒角

(9) 钻孔。因为是钢料,底孔直径可用下列经验公式计算:

$$D=d-P$$

式中:D 为底孔直径,mm;d 为螺纹大径,mm;P 为螺距,mm。

查表可知 M8 的螺距 $P=1.25$ mm,即底孔直径

$$D=d-P=8 \text{ mm}-1.25 \text{ mm}=6.75 \text{ mm}\approx6.8 \text{ mm}$$

选择直径 6.8 mm 钻头钻螺纹底孔。

(10) 攻螺纹。

攻螺纹使用铰杠和 M8 丝锥,注意攻螺纹前工件夹持位置正确,尽可能保证底孔中心线垂直,便于攻螺纹时保持丝锥垂直于工件。

攻螺纹时,要注意先用头锥,再用二锥,且两手握住铰杠均匀施加压力,当丝锥

攻入 1～2 圈后,使用直角尺校正丝锥位置是否垂直;攻螺纹过程中,每攻入 3～4 圈需添加润滑油和倒转 1/2 圈,便于切削和排屑。

(11) 检验和修整。使用游标卡尺和角度尺检查零件形状和尺寸,并进行局部修整达到图纸要求。

8.2　榔头的制作

1. 教学目的

(1) 掌握锉削的各种加工方法,并使锉削加工达到一定的锉削精度。

(2) 掌握锯削方法。

(3) 掌握计算螺纹底孔尺寸的公式,并掌握正确的攻螺纹方法。

2. 教学准备

(1) 材料:45 钢;规格为 20 mm×20 mm×100 mm。

(2) 工具:各种锉刀、毛刷、M8 丝锥、扳手、虎钳、台式钻床、麻花钻头、划针、划规、样冲、手锤、划线平板、方箱。

(3) 量具:直尺、高度游标尺、游标卡尺、刀口直角尺。

3. 制作过程

(1) 分析图纸(见图 8-7),确定制作工艺。

(2) 检查工件的毛坯。

(3) 加工基准面和相邻的侧面(见图 8-8)。

选择相对平整的一个面作为基准面(C 面),使用锉刀进行修整,使用刀口直角尺检查平面度;再加工与基准面相邻的一个侧面(B 面),使用刀口直角尺检查平面度以及与基准面的垂直度是否达到图纸要求;加工端面(D 面)垂直于 C、B 面。

(4) 划线。

使用划针、划规、高度游标尺等在 B 面画出零件加工轮廓,使用样冲打出 M8 螺纹孔中心眼。

(5) 锉圆弧(见图 8-9)。使用圆锉锉削 R3 圆弧。

(6) 加工斜面(见图 8-10)。锯削斜面,使用平锉修整斜面,使用刀口直角尺检查斜面的平面度及与 B 面的垂直度。

(7) 加工 R2 圆弧面(见图 8-11)。

(8) 加工其余两平面。

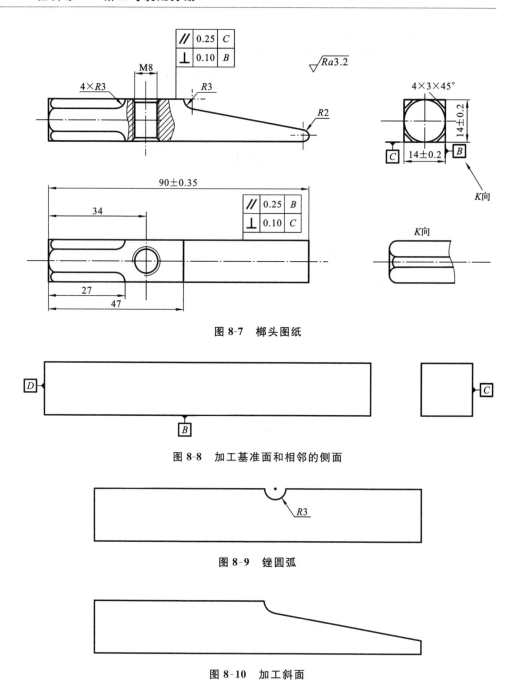

图 8-7　榔头图纸

图 8-8　加工基准面和相邻的侧面

图 8-9　锉圆弧

图 8-10　加工斜面

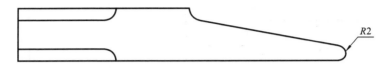

图 8-11　加工 R2 圆弧面和其余两面

加工与 B、C 面平行的两个平面,使用刀口直角尺检查平面度及与相邻面的垂直度,使用游标卡尺检查尺寸。

(9) 加工倒角圆弧 R3(见图 8-12)。

图 8-12　加工 R3 圆弧面

(10) 使用平锉加工四边倒角(见图 8-13)。

图 8-13　加工四边倒角

(11) 使用平锉加工端面倒角(见图 8-14)。

图 8-14　加工端面倒角

(12) 钻螺纹孔(见图 8-15)。因为是钢料,底孔直径可用下列经验公式计算:

$$D = d - P$$

式中:D 为底孔直径,mm;d 为螺纹大径,mm;P 为螺距,mm。

查表可知 M8 的螺距 $P = 1.25$ mm,即底孔直径

$$D = d - P = 8 \text{ mm} - 1.25 \text{ mm} = 6.75 \text{ mm} \approx 6.8 \text{ mm}$$

选择直径 6.8 mm 钻头钻螺纹底孔。

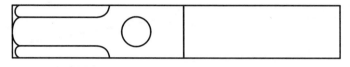

图 8-15　钻螺纹孔

（13）攻螺纹（见图 8-16）。

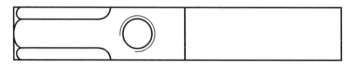

图 8-16　攻螺纹

　　攻螺纹使用铰杠和 M8 丝锥，注意攻螺纹前工件夹持位置正确，尽可能保证底孔中心线垂直，便于攻螺纹时保持丝锥垂直于工件。

　　攻螺纹时，要注意先用头锥，再用二锥，且两手握住铰杠均匀施加压力，当丝锥攻入 1～2 圈后，使用直角尺检查校正丝锥位置确保其垂直；攻螺纹过程中，每攻入 3～4 圈需添加润滑油和倒转 1/2 圈，便于切削和排屑。

　　（14）检验和修整。

　　使用游标卡尺和刀口直角尺检查零件形状和尺寸，并进行局部修整达到图纸要求。

本章数字资源

螺母的加工
过程讲解

榔头头部加工

榔头鸭舌加工

钻孔、扩孔、攻丝

攻丝、锉剩下
的四个面

参考文献

[1] 王志海,舒敬萍,马晋. 机械制造工程实训及创新教育教程[M].北京:清华大学出版社,2018.

[2] 彭江英,周世权. 工程训练——机械制造技术分册[M]. 武汉:华中科技大学出版社,2019.

[3] 童幸生,江明. 项目导入式的工程训练[M].北京:机械工业出版社,2019.

[4] 原北京第一通用机械厂. 机械工人切削手册[M]. 北京:机械工业出版社,2022.

[5] 钟翔山.图解钳工入门与提高[M].北京:化学工业出版社,2020.

[6] 段春玉.钳工技术手册[M].包头:内蒙古人民出版社,2022.

[7] 人力资源和社会保障部教材办公室.钳工(初级,中级,高级)[M].北京:中国劳动社会保障出版社,2014.

普通高等学校工程训练"十四五"规划教材
普通高等学校工程训练精品教材

工程训练 —— 概述分册

工程训练 —— 车削分册

工程训练 —— 数控分册

工程训练 —— 加工中心分册

工程训练 —— 工业机器人基础分册

工程训练 —— 工业机器人工作站调试应用教学单元

工程训练 —— 3D打印分册

■工程训练 —— 钳工与装配分册

工程训练 —— 特种加工分册

工程训练 —— 焊接分册

工程训练 —— 铸造分册

工程训练 —— 锻压分册

工程训练 —— 智能产线分册

策划编辑 ◎ 余伯仲　　责任编辑 ◎ 吴　晗　　封面设计 ◎ 廖亚萍

华中出版

超越传统出版 影响未来文化
全国免费服务热线：400-6679-118

ISBN 978-7-5772-0753-7

9 787577 207537 >

定价：19.80元